浪花朵朵

大自然中的美食

牛奶大变身

［日］中山章子 主编　浪花朵朵童书 编译　肖 潇 译

北京联合出版公司
Beijing United Publishing Co.,Ltd.

看上去很好喝的牛奶。

关于牛奶，你都知道些什么呢？

● 本书介绍的是我们日常生活中不可缺少的乳制品。牛奶中含有丰富的蛋白质和脂肪，具有很高的营养价值。自古以来，为了能让牛奶里丰富的营养物质物尽其用，人们想出了各种各样的加工方法。通过了解各种乳制品，会发现身边的食物的趣味。在本书中，挤出来未经处理的牛乳叫做“生乳”，已经处理过的成品叫做“牛奶”。

去牧场看看就知道啦。

嗒，这就是牧场。

这里有好多奶牛啊。

看，这是奶牛妈妈和奶牛宝宝！

小小的奶牛宝宝跟在妈妈的身后，

钻进妈妈的身下，

舔舔妈妈的乳头，咕噜，咕噜……
奶牛宝宝就是这样喝着妈妈的乳汁
一天一天长大的。

挤奶工也可以挤奶牛妈妈的乳头。

只有当年生育过的奶牛才能产奶。图中我们看到的是用手挤奶，实际上，现在普遍使用挤奶机工作。

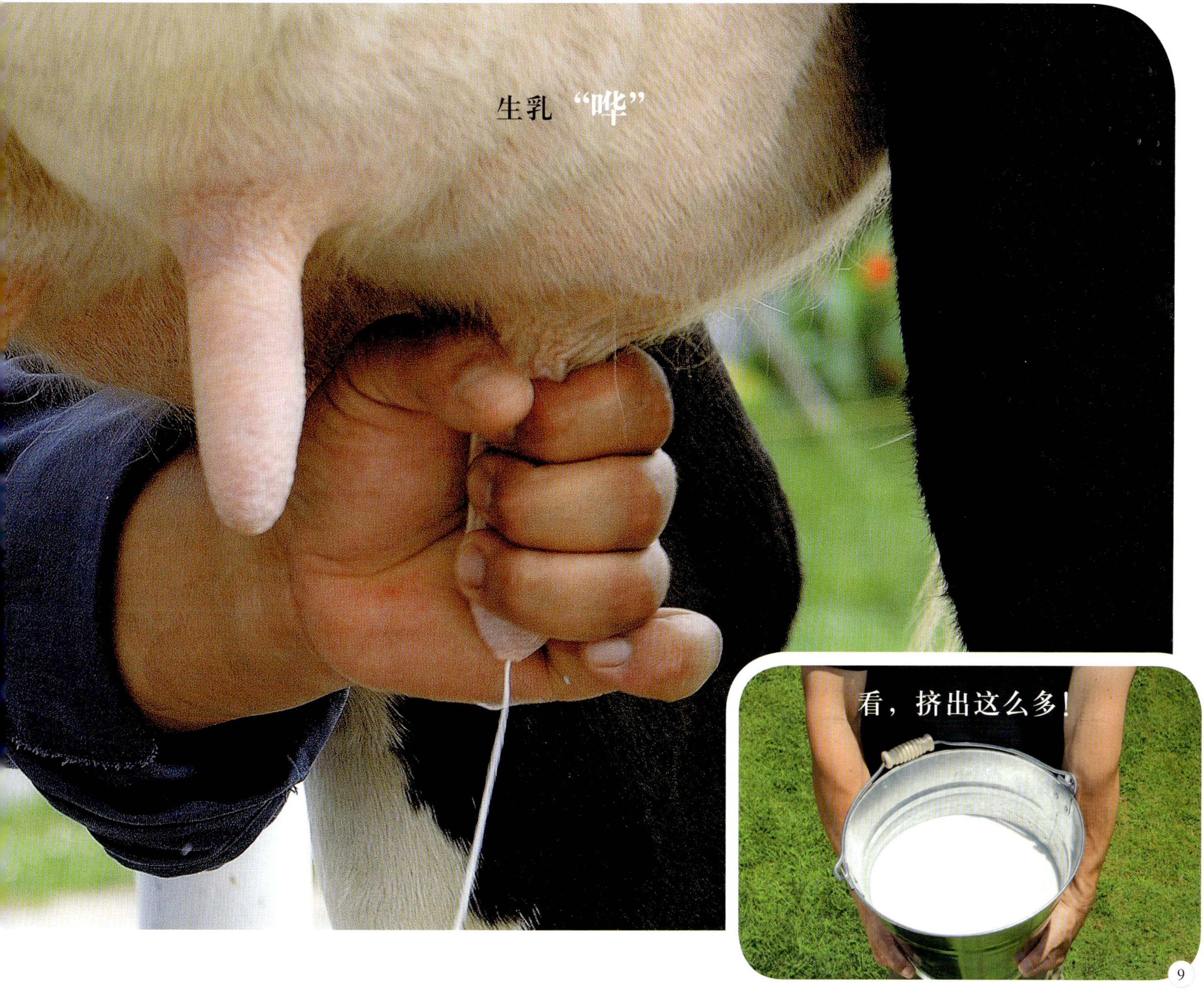
生乳“哗”
看，挤出这么多！

从奶牛妈妈那里得到宝贵的生乳。

● 奶牛挤出的生乳也可以直接饮用，但是一般都会在工厂经过杀菌处理，变成可以安全饮用的牛奶，装到容器里送到我们的手上。除了杀菌，还会进行其他的处理，比如防止牛奶中的脂肪全部浮在牛奶表面。此外，经过了成分调整的饮品不叫“牛奶”，而是叫做“调制乳”。

经过加工和包装，

最终成为了我们手里的瓶装和盒装牛奶。

这就是我们平常喝的牛奶。

牛奶是宝宝们的最爱，
既好喝又含有丰富的营养。

咦？刚挤出来的生乳
还剩了一些。
这些生乳该怎么处理呢？

生乳不仅可以做成牛奶，
还可以变身成各种各样的食品。
我们一起试着把它变成
各种好吃的吧。

生乳变身！

① 把生乳像这样长时间静置。

④ 用打泡器快速搅拌。

② 上面会凝结一层膜。

③ 取出凝结的那部分。

⑤ 开始变得松软的时候，
加入砂糖使其充分混合。

⑥ 生乳变得更加松软了。做出来的究竟是什么，
你看出来了吗？

做好啦！生奶油做好啦！

生奶油就是涂抹在蛋糕上的那种奶油哦。

● 试试看

从超市购买的“生奶油”，可以从步骤④开始制作。只需要用打泡器搅拌 10 分钟左右，就能起泡，做出松软好吃的生奶油。如果用市面上销售的生乳直接制作，要选择没有经过乳化处理的生乳，静置 2~3 小时后，脂肪就会浮在生乳表面凝结起来。

做蛋糕用到的奶油，
就是用生乳做出来的！
甜甜的，软软的，很好吃哦！

● 牛的生乳长期静置，里面的脂肪会浮在表面上。把这部分脂肪中密度较高的部分取出来打成泡，就做成了蛋糕上用到的生奶油。

牛奶大变身！

还能做出什么呢？

是涂在面包上的哦。

① 将生乳长时间静置，表面会凝结一层脂肪。只取出凝结的这部分。

④ 咦？怎么出水了？变得黏糊糊的。

⑤ 而且，里面的固体渐渐变成了黄色。

② 用打泡器快速搅拌。

③ 生乳变得松软起来。然后继续搅拌。

⑥ 把水倒出去，只留下固体部分。

⑦ 把固体装进容器里进行冷却。

黄油做好啦！

和生奶油一样，黄油也是取生乳中脂肪密度最高的那部分，通过持续搅拌使水分与油脂分离，使高密度脂肪聚集从而做成的食品。因为去除了生乳里的绝大部分水分，所以，要做成一块上图那样70克的黄油，大约需要10升的牛奶。

试试看

制作黄油的时候，如果使用市面上出售的生奶油，可以直接从步骤②开始制作。使水分彻底分离，做成黄油的过程大概需要40分钟到1个小时，请保持耐心，持续搅拌。也可以把生奶油装进干净的塑料瓶，盖好盖子后上下剧烈摇动制作黄油。黄油做好之后，用剪刀把塑料瓶剪开，取出做好的黄油。如果用牛奶制作，请选择未经乳化处理的牛奶作为原料。

真好吃！

黄油也是用牛的生乳制作的。
把它涂抹在面包上，
稍稍融化之后很好吃哦！

牛奶又变身！

因为制作过程需要很长时间，
所以一定要睁大眼睛仔细看哦。

① 在生乳里加入“变身的法宝”，然后等一段时间。

② 凝固后看上去像布丁一样！

④ 从切成小块的生乳里把水分挤榨出来，使水分和固体分离。

⑤ 把小块的生乳颗粒装在一起，压上重物，长时间静置。

⑥ 小颗粒都粘合在一起，变成了一大块。

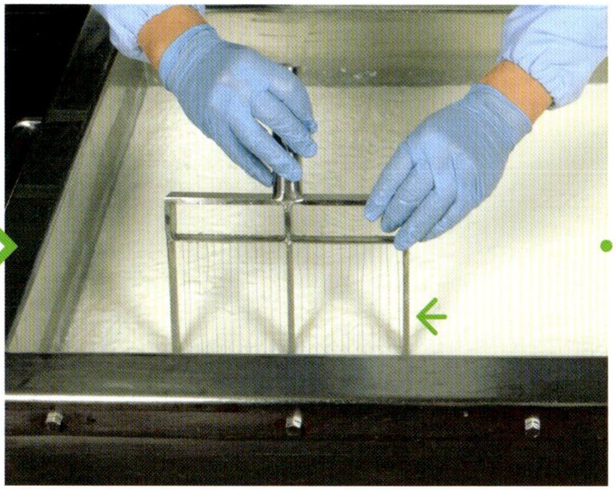

③ 把凝固后的生乳切成小颗粒，
慢慢加热。

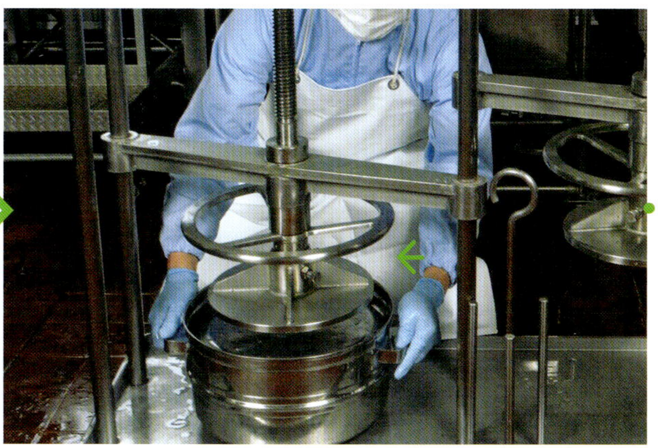

⑦ 把它装到圆形的器皿里，通过高速旋转
榨出其中的水汽。

⑧

⑨ 把做好的大块头
放在通风良好的地方。
然后静置很久很久，一年之后……

奶酪做好啦！

● 这里大概介绍了“豪达奶酪”的制作方法。奶酪的种类非常多，其中绝大部分都是在生乳中添加乳酸菌和酶，通过微生物的作用使生乳发酵，然后制作而成。因为在使生乳定型的过程中要去除掉绝大部分的水分，所以营养物质能够更加紧密地聚集在一起，保存的时间也更久。此外，22页①中提到的让生乳“变身的法宝”，就是乳酸菌和从小牛胃里提取的一种叫做“凝乳酶”的酶。奶酪是一种在材料的准备和最终的发酵过程中对温度有严格要求的食品，所以一般在家里很难制作，这里给大家介绍的是在专业工厂里制作时的样子。

奶酪把生乳中的营养物质以更密集的状态集中在了一起。

牛奶、生奶油、

还有黄油和奶酪……

这些都是用生乳
做出来的哦！

谢谢你，
奶牛妈妈！

酸奶也是生乳变身做出来的哦。

图书在版编目（CIP）数据

大自然中的美食系列. 牛奶大变身 /（日）中山章子主编；浪花朵朵童书编译. -- 北京：北京联合出版公司，2015.12（2026.1重印）

ISBN 978-7-5502-6788-6

Ⅰ.①大… Ⅱ.①中… ②浪… Ⅲ.①牛奶－食物生产－少儿读物 Ⅳ.①S-49

中国版本图书馆CIP数据核字（2015）第310479号

大自然中的美食：牛奶大变身

主编・料理制作：［日］中山章子（料理研究家）
照片摄影：［日］古岛万理子
照片提供：IMAGENAVI / 绿洲 / NOA NOA
摄影协助：日本牛奶公社株式会社 /
雪印乳业株式会社 /
雪印奶酪研究所
编　　译：浪花朵朵童书
出 品 人：赵红仕　　出版统筹：吴兴元
选题策划：北京浪花朵朵文化传播有限公司
特约编辑：张潇浉　　责任编辑：宋延涛
营销推广：ONEBOOK　　装帧制造：墨白空间

北京联合出版公司出版
（北京市西城区德外大街 83 号楼 9 层　100088）
天津联城印刷有限公司印刷　新华书店经销
字数 10 千字　787 毫米 ×1092 毫米　1/16　10 印张
2016 年 3 月第 1 版　2026 年 1 月第 18 次印刷
ISBN 978-7-5502-6788-6
定价：98.00 元（全 5 册）

浪花朵朵

大自然中的美食

大豆！变身！

［日］中山章子 主编 浪花朵朵童书 编译 肖潇 译

北京联合出版公司
Beijing United Publishing Co.,Ltd.

滚来，滚去，滚来，滚去……

你好！我是大豆。

我可是很了不起的豆子哦。

本书要介绍的是大豆。大豆中含有丰富的蛋白质和脂肪，对于肉类摄入量较低的日本人来说，是日常不可缺少的食材。由于直接食用大豆不利于消化，所以人们想出了各种各样的加工方法。让我们从大豆开始，多关注身边的食材，掌握更多关于健康食品的知识吧。

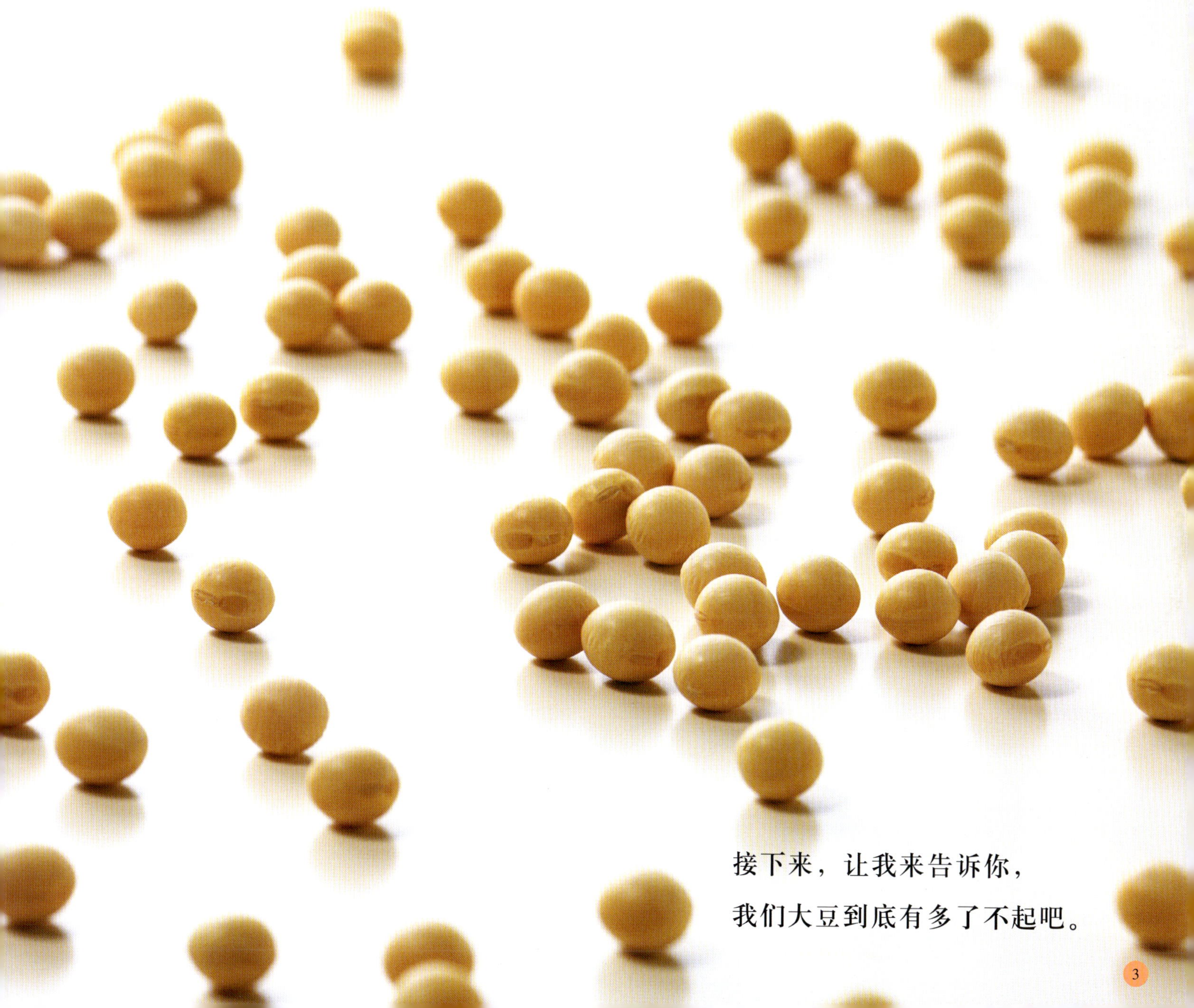

接下来，让我来告诉你，

我们大豆到底有多了不起吧。

首先介绍的是大豆的生长全过程。

春天，人们把种子种在田里，

过几天，小苗就会悄悄地破土而出，

渐渐长大。

到了夏天，会开花。

花期过后，在原本开花的地方，会结出绿色的豆荚。

不要摘下这些毛豆哦，
就这么一直放着，
到了秋天，豆荚就会变成茶色。
然后……

豆荚里面会有绿色的豆子。这就是大家喜欢的毛豆。

在茶色的豆荚里，
藏着这种颜色的豆子！

● 由于地域不同，栽种大豆的时间会有差异。日本的关东地区在春季的末尾播种大豆，夏秋之交收获。在豆荚呈绿色的时候收获，得到的就是“毛豆”，如果等到豆荚完全成熟变成茶色，收获的就是“大豆”。完全成熟的大豆水分含量已经降低了，所以更容易保存，也可以加工成各种各样的食品。

这就是大豆。

变成大豆之后，

我们就可以被做成各种各样的食品啦。

好，现在就开始我们的变身之旅啦！先从最简单的开始吧！

把大豆倒入平底锅内，

开火，进行炒制。

● 如果直接生吃大豆的话，可能会由于大豆皂甙（dài）的作用导致拉肚子。
所以，请一定彻底加热，确认完全熟透之后再食用。

这样，大豆就变成了炒豆。
原料就是播种时候用的那种大豆。
看上去样子没怎么变，
实际上已经成为香喷喷的
小零食了呢！

脆脆的，很好吃哦。

接下来的变身表演也要仔细看哦。

像做炒豆一样，先把大豆放入平底锅中。

把炒好的豆子剥掉皮，

用石臼把豆子碾碎。

大豆都变成粉末状了。这就是熟黄豆面。

加入砂糖拌匀……

变得甜甜的，像

大豆变身成了熟黄豆面！

用它做出来的黄豆饼很好吃哦。

这一次要表演的变身有点儿特别哦。

用锅把已经浸泡了一整夜的大豆煮到变软。

把已经煮软的大豆整齐地放在稻草上。

认真包裹好。把包裹

地方静置 2 天。2 天

大豆放在温暖的
……

做好啦！

黏黏的纳豆！

拌在米饭里，

黏黏的，滑滑的。

纳豆是日本特有的食品，相传从奈良时代起人们就已经开始制作纳豆了。把煮好的大豆用稻草包裹起来，在温暖的地方放置几天，通过稻草上的纳豆菌自然发酵成为纳豆。这是自古流传下来的传统做法。现在市面上出售的纳豆大多都不再使用稻草，而是把预先培养好的纳豆菌放入纸质或苯乙烯材质的容器里制作而成的。虽然制作工艺不同，但共同点是都是利用纳豆菌使大豆变成了更易于消化吸收的食物。

变身后的大豆也很美味哦。

白白嫩嫩、方方正正的豆腐，

你喜欢吗？

你知道吗，

它也是大豆变身的哦。

下面，我们就一起去豆腐房看看豆腐是怎么做出来的吧。

把浸泡了一整夜的大豆倒入机器，

用机器把大豆研磨成糊状。

把磨碎的大豆和水一

留下这种像牛奶一样的液体。

在长方形的模具中放入卤水和水。

把液体倒入模具

● 与纳豆不同，豆腐不是日本特有的食品，而是从中国传过去的。作为使大豆的汁水凝固的凝固剂来使用的“卤水”，是一种从海水中提炼出来的矿物质。

到入巨大的锅里煮。再用纱布进行过滤，

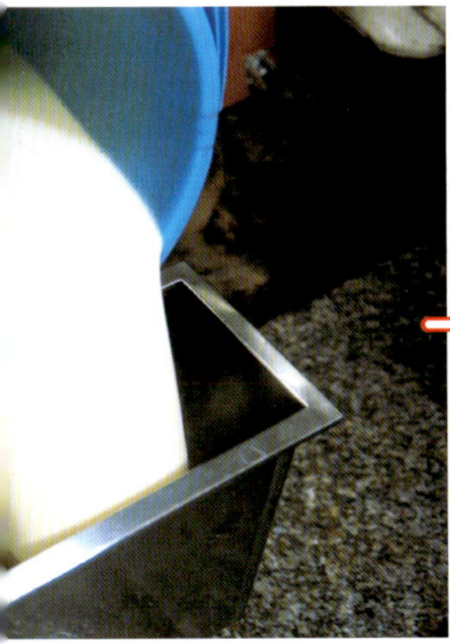

静置 30 分钟。

等到液体完全凝固，在水中将模具里的固体取出来。

做好啦！这样，大豆就变身成豆腐啦！

用大豆做成的

自白嫩嫩的豆腐。

很好吃哦！

大豆还有好多好多变身！这些食品你都认识吗？

豆奶： 从煮熟的大豆中榨取的汁水。可以像牛奶一样饮用。

油炸豆腐： 将豆腐弄碎，与蔬菜混合，用油炸制而成。

腐竹： 豆乳最上面凝固的那层皮。放入汤里很好吃哦。

冻豆腐： 将豆腐冷冻后制成的食品。呈海绵状，很有嚼劲，炖煮后非常好吃。

● 这里介绍了一些有代表性的豆腐制品。它们都是有益健康的传统食品，请在日常饮食中尝试食用这些食品。此外，在酱油的制作过程中，一直都有微生物在里面起到发酵作用哦。

豆腐渣：将大豆煮熟，榨取豆乳后留下的渣滓。炒制后食用味道很好。

酱油：向蒸好的大豆中加入盐水、小麦、曲霉进行混合，然后静置半年左右。将其榨汁过滤后得到的就是酱油。

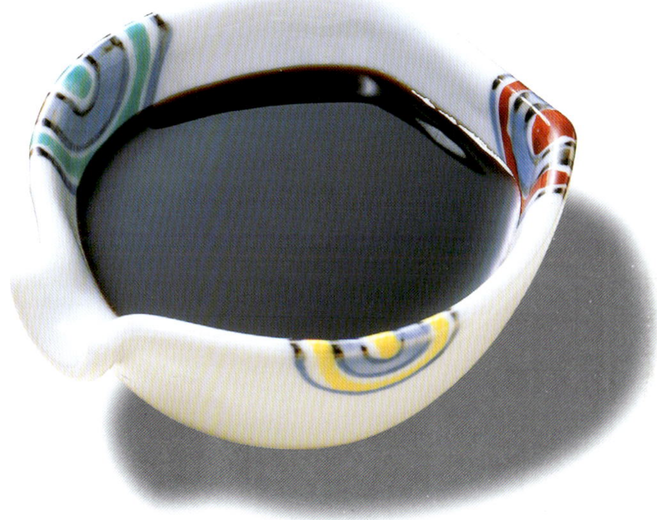

炸豆腐盒：将豆腐油炸制做成的食品。煮着吃或者烤着吃都很好吃。

这些都是我们大豆变身后做出来的哦。
它们都是从很久以前流传下来的，
有益于健康的食品。

下面这个是最后一个变身啦，这个表演需要的时间有点儿长，请慢慢观看。

用锅把已经浸泡了一整夜的大豆煮到变软，

用石臼将大豆完全碾碎，

把曲霉倒进去，

再把煮大豆时留下的汁水倒进去，充分搅拌使其混

加入食盐。

这种东西叫做“曲霉”。没有它，这次变身表演就没办法完成啦。

捏成一个个团子，放入瓦罐当中。

盖好盖子，放置在较暗的地方。

然后，就静静地等待它的变化吧。等啊，等啊，等了一年之后……

看！变成了好吃的味噌（cēng）。
把它做成味噌汤，
就可以每天喝啦。

怎么样？
大豆的变身是不是很了不起？

● 据史料记载，味噌是从中国传入日本的食品，早在奈良时代，日本人就已经开始制作味噌了。味噌是大豆在含有曲霉的酵母作用下发酵制成的。本书中介绍的是只使用大豆、食盐和曲霉制作味噌的工艺流程，实际上也有在其中加入大米或小麦的做法。不光材料不同，在制作方法、发酵时间等方面也存在着许多差异，大家可以去品尝和了解不同地区生产的味噌究竟有哪些不一样。

味噌汤真好喝啊。

图书在版编目（CIP）数据

大自然中的美食系列. 大豆！变身 /（日）中山章子主编；浪花朵朵童书编译. -- 北京：北京联合出版公司，2015.12（2026.1重印）

ISBN 978-7-5502-6788-6

Ⅰ. ①大… Ⅱ. ①中… ②浪… Ⅲ. ①大豆－食物生产－少儿读物 Ⅳ. ①S-49

中国版本图书馆CIP数据核字（2015）第310482号

大自然中的美食：大豆！变身！

主编・料理制作：［日］中山章子（料理研究家）
审　　定：［日］荒木俊光（原东京都农林水产振兴财团）
日本纳豆协同合作联合会
日本豆腐合作社
照片摄影：［日］榎本功（人物）
［日］古岛万理子（料理、豆腐店）
照片提供：自然制造（大豆生长）
插　　图：［日］宫玲子　　编　　译：浪花朵朵童书
出 品 人：赵红仕　　出版统筹：吴兴元
选题策划：北京浪花朵朵文化传播有限公司
特约编辑：张潇洴　　责任编辑：宋延涛
营销推广：ONEBOOK　　装帧制造：墨白空间

北京联合出版公司出版
（北京市西城区德外大街 83 号楼 9 层　100088）
天津联城印刷有限公司印刷　新华书店经销
字数 10 千字　787 毫米 ×1092 毫米　1/16　10 印张
2016 年 3 月第 1 版　2026 年 1 月第 18 次印刷
ISBN 978-7-5502-6788-6
定价：98.00 元（全 5 册）

浪花朵朵

大自然中的美食

蜂蜜做好啦

[日]藤原诚太　主编　浪花朵朵童书　编译　肖潇　译

北京联合出版公司
Beijing United Publishing Co.,Ltd.

黏黏的，

又香又甜的蜂蜜。

你知道蜂蜜是在哪里、

又是怎样做出来的吗？

● 很久以前，人们就开始从野生的蜂巢中获取蜂蜜了。现在，绝大多数的蜂蜜都是从人工养殖的蜜蜂的蜂巢中获取的。无论以前还是现在，蜂蜜都是蜜蜂从花朵上采集制造出来的，是来自大自然的珍贵礼物。通过了解蜂蜜的制作过程，希望你们也能对身边的食物与大自然之间的关系产生浓厚的兴趣。

这里是一片原野，有好多箱子被摆在这里，
关于蜂蜜的小秘密就藏在这些箱子里。

我是一名“养蜂人”。
我的工作就是制作蜂蜜。

养蜂叔叔把箱子打开了。

快看，里面有什么东西？

● 本书中介绍的是叫做“西方蜜蜂”的蜜蜂品种。这是一种生活在欧洲和非洲的蜜蜂的改良品种，明治时代被引进到了日本。

箱子里装的是蜜蜂。

叔叔用蜂箱饲养蜜蜂，获取蜂蜜。

它是怎么制造蜂蜜的呢？

嗡嗡嗡～

蜜蜂向原野飞去了。

蜜蜂发现了花朵！发现花朵之后……

蜜蜂把长长的口器，

● 蜜蜂把吸出来的花蜜都存在一个叫做“蜜胃”的地方。因为每朵花上的花蜜数量非常少，所以蜜蜂平均每次要采 250 朵花，才能收集到 0.04~0.07 克左右的花蜜。这个重量相当于蜜蜂体重的 50%~90%。把这样重量的花蜜装到肚子里，还要飞来飞去，可是一件繁重的体力活呢。

插进花里面，吮吸甜甜的花蜜。

吸出来的花蜜都存在蜜蜂的肚子里，看，它的肚子变得鼓鼓的啦。

花朵给了蜜蜂甜甜的花蜜。

● 蜜蜂有着非常了不起的记忆力，能够记忆花的香气和颜色。而且，它们会通过一种被称作“8 字舞”的动作向同伴传递信息。

所以，蜜蜂最喜欢花朵。它们常常成群结队地飞去寻找花朵。

但是，并不是所有的蜜蜂都会飞来飞去收集花蜜。

这时，在蜂箱里……

一个蜂群当中，最鼎盛的时期会有一个蜂王（雌性的蜜蜂），几百只雄蜂和几万只工蜂（不产卵的雌性蜜蜂）。工蜂除了采集花蜜，它们的职责还包括把守蜂巢入口、打扫蜂巢、照顾蜜蜂幼虫以及储藏蜂蜜等等。

还有很多蜜蜂

在等待同伴的归来。

蜂箱的构造

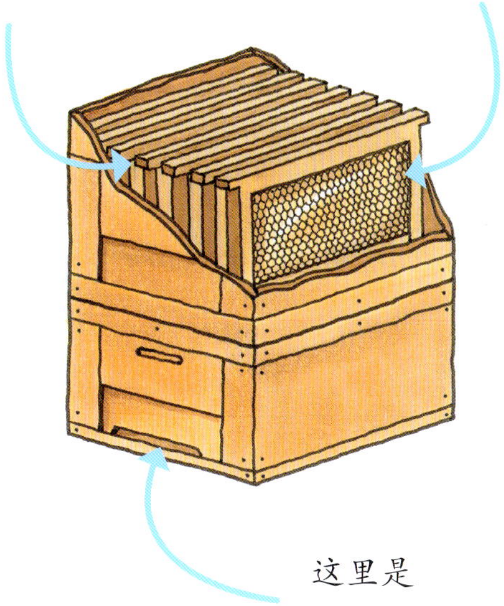

这里可以居住大约
5 万只蜜蜂。

呀！出去收集花蜜的蜜蜂回来啦！

收到了花蜜的内勤蜂把花蜜在蜜胃和嘴之间反复吸入吐出，将花蜜放在舌头上使水分蒸发掉。然后在蜂巢里的小房间内也会继续去除掉花蜜中含有的水分，最终花蜜的水分含量会降到原来的30%。此外，在蜜胃中分泌的转化酶的作用下，主要成分糖分的性质会发生变化，变成它们自身和人类易于消化吸收的食品。

收到了花蜜的内勤蜂
把处理好的蜜注入小小的房孔里。

这些被小心翼翼注入房孔的蜜就是“蜂蜜”。

蜂蜜是蜂巢里所有蜜蜂共同的食物。

满满的都是蜂蜜！

蜜蜂们在勤勤恳恳地工作，

终于把所有的房孔都注满蜂蜜了！

蜜蜂们在六角形的房孔中存满蜂蜜，等蜜成熟之后，使用从腹部分泌出的一种叫做“蜜蜡”的白色物质把房孔密封起来，对蜂蜜进行储藏。这些储藏起来的蜂蜜是生活在这个蜂箱里的蜜蜂共同的食物。除了储藏蜂蜜，这些小小的房孔还可以用来养育蜜蜂的卵和幼虫，或者用来储藏同样作为蜜蜂粮食的花粉。

等到蜂巢里装满了蜂蜜，养蜂叔叔就要登场啦。

养蜂叔叔从蜜蜂那里取出蜂蜜。

他用工具喷出一缕缕的烟雾！这样一来，蜜蜂就会变得很乖。“小蜜蜂，对不起喽。”

“我来看看，房孔里面是不是已经装满蜂蜜啦？”

里面满满的都是蜂蜜。

把这些蜂巢放进这个工具里，

● 养蜂人为蜜蜂准备了蜂箱，创造了更好的采蜜环境，在花蜜较少的季节为蜜蜂提供食物，照顾这些蜜蜂。由于“西方蜜蜂”抵御日本大黄蜂等外敌的能力较弱，所以在日本，如果没有人类的保护，它们很难生存下去。养蜂人保护这些蜜蜂的安全，蜜蜂用蜂蜜回报养蜂人，他们之间存在着和谐互助的关系。

用刷子刷一刷。
“小蜜蜂，麻烦让一让哦。”

用小刀把房孔的盖子除掉，

不停地旋转它。

然后，打开这里。

黏黏的，

蜂蜜就缓缓地流出来啦。

这些蜂蜜非常甘甜可口，

还带有浓郁的花香哦！

经过蜜蜂的辛勤劳动，花蜜变成了更加甘甜、营养价值更高，而且不易腐败变质的蜂蜜。蜂蜜是非常珍贵的食品，蜜蜂要采集超过 1 万朵花的花蜜，才能最终酿出 1 勺蜂蜜。

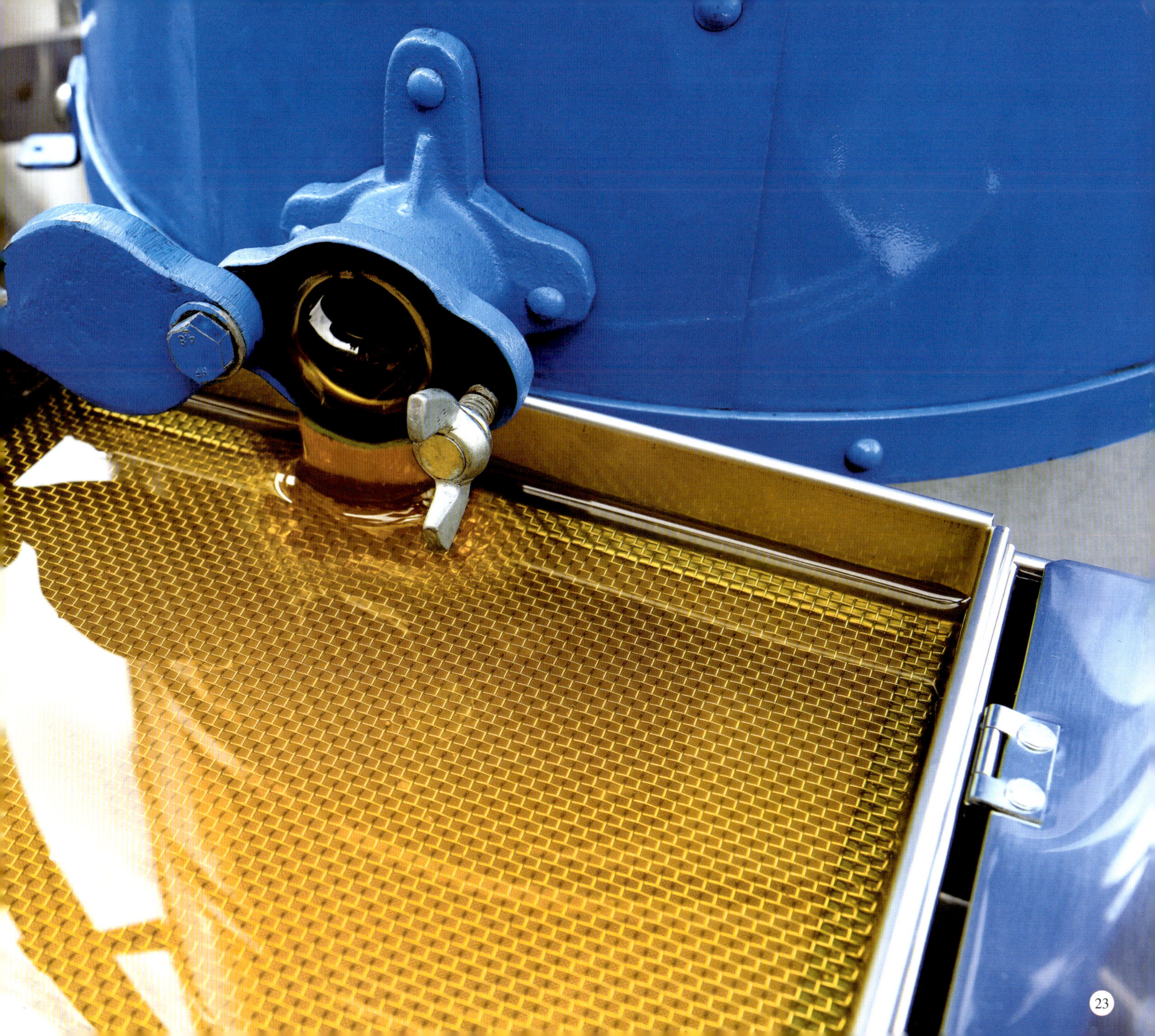

从蜂巢里取出蜂蜜之后，

把蜂蜜集中在一起，

充分搅拌

装瓶

● 从蜂巢中取出的蜂蜜，只需要用类似小眼笊篱的工具去除掉其中包含的杂质，不需要进行其他的处理。蜂蜜不仅具有很高的糖分，而且还含有工蜂所分泌的抗菌物质，只要常温存放就可以，永远不会腐败变质。

这样，香甜的蜂蜜就被送到千家万户啦。

这里有各种各样的蜂蜜，

因为花蜜来自不同种类的花，所以制造出来的蜂蜜也有不同的颜色和味道。

油菜花蜜

油菜花

七叶蜜

日本七叶树的花

蒲公英蜜

白三叶草蜜

白三叶草的花

荞麦蜜

荞麦的花

槐花蜜

由于“西方蜜蜂”具有集中采集盛花期花蜜的习性，所以可以通过调整采蜜的时间，使蜜蜂在一段时间内只采集一种花的花蜜。各种类型的花蜜混合在一起制成的蜂蜜叫做“百花蜜”。

每一种蜂蜜都非常香甜美味。

你最喜欢哪一种呢？

蒲公英的花

薰衣草蜜

薰衣草的花

百花蜜

各种各样的花

刺槐的花

紫云英蜜

紫云英的花

栗子蜜

栗子的花

黏黏的，甜甜的，很好吃哦。

图书在版编目（CIP）数据

大自然中的美食系列. 蜂蜜做好啦 /（日）藤原诚太主编；浪花朵朵童书编译.
-- 北京：北京联合出版公司，2015.12（2026.1重印）
ISBN 978-7-5502-6788-6

Ⅰ. ①大… Ⅱ. ①中… ②浪… Ⅲ. ①蜂蜜－食物生产－少儿读物 Ⅳ. ①S-49

中国版本图书馆CIP数据核字（2015）第310478号

大自然中的美食：蜂蜜做好啦

主　　编：［日］藤原诚太（东京农业大学客座教授）
照片摄影：［日］片野龙司
　　　　　　　榎本功
照片提供：AMANA 印象 / 绿洲 / 自然制造
插　　图：［日］宫玲子
摄影协助：藤原养蜂场 / 银座蜜蜂工程
编　　译：浪花朵朵童书
出 品 人：赵红仕　　出版统筹：吴兴元
选题策划：北京浪花朵朵文化传播有限公司
特约编辑：张潇浬　　责任编辑：宋延涛
营销推广：ONEBOOK　　装帧制造：墨白空间

北京联合出版公司出版
（北京市西城区德外大街 83 号楼 9 层　100088）
天津联城印刷有限公司印刷　新华书店经销
字数 10 千字　787 毫米 ×1092 毫米　1/16　10 印张
2016 年 3 月第 1 版　2026 年 1 月第 18 次印刷
ISBN 978-7-5502-6788-6
定价：98.00 元（全 5 册）

浪花朵朵

大自然中的美食

最爱巧克力

［日］大西寿　主编　　浪花朵朵童书　编译　　肖 潇　译

北京联合出版公司
Beijing United Publishing Co.,Ltd.

这是什么呀？

这是可可树的果实。

可可树是种植在遥远的南半球的一种树。

本书介绍了关于巧克力的秘密。可可树的果实究竟是怎样最终变成巧克力的呢？请仔细阅读。

据说，用可可树的果实，

可以做成我们喜欢的巧克力，这是真的吗？

HERSHEY'S
Lotte

结在树上的可可树果实是这个样子的。

这里是距离我们很遥远的南半球国家

把这些果实摘下来，

们就从这里出发，去看看可可树的果实是怎样一步一步变成巧克力的吧！

切开来看，

里面都是白色的、黏黏的小颗粒。这黏黏的东西里面就藏着可可树的种子。

● 可可树可以长到 7~10 米高，不仅树枝，连树干上也会结满果实。根据产地的不同，可可的果实在苦味、酸味和浓度上会有差别。果实的颜色也分为红色、淡绿色等。可可树的种子通常被我们叫做“可可豆”。

藏在可可树果实里面的种子，就是制作巧克力的原料。

把收集起来的可可树果实的果仁，

放在香蕉叶上，然后在上面再盖上香蕉叶，长时间静置后，

黏黏的白色物质就不见了，只剩下里面的种子。把这些种子放在阳光下曝晒，使其充分干燥，

再装进袋子里。

然后，这些种子就被装船运到了世界各地！

● 用香蕉叶包裹可可树的种子，是为了保证一定的温度和湿度，使其发酵。经过一周左右的发酵，种子从果肉（黏黏的白色物质）中被分离出来，颜色变成茶色，其中的涩味也会被去除掉，开始散发出迷人的香气和可口的口感。发酵是巧克力制作过程中非常重要的一道工序。

这就是被运到世界各地的
可可树的种子。

切开来，里面就出现了巧克力的颜色，
看上去很好吃的样子。

但是，如果试着嚼一嚼，
啊！好苦啊！
这真的是制作巧克力的原料吗？

用它真的能做出巧克力吗？咱们一起来试试吧。

① 把种子放入平底锅中炒制。

② 炒制完成后，将种子的皮和里面的果仁分离开。

③ 把剥出来的果仁

⑥ 已经研磨的差不多啦，可是……

⑦ 还需要继续研磨。

⑧ 已经变成很细小的颗粒了，但是··

做起来很辛苦哦。

石臼，

④ 把它们捣碎，

⑤ 继续研磨。

还需要继续研磨。

⑩ 变得黏黏的了，

⑪ 还需要继续研磨。

黏黏的，

一直一直研磨下去，

就会变成这样。

再舔一下，尝一尝，

还是苦的！

用它真的能做出

我们最喜欢吃的巧克力吗？

想要做出香甜好吃的巧克力，还有一些必不可少的原料哦。

① 砂糖、奶粉和可可脂。可可脂是从可可树的种子中提炼出来的油脂。

② 在研磨后的原料中加入砂糖和奶粉，

③ 充分混合均匀后

⑥ 继续搅拌使其混合均匀，

⑦ 就变成了这样。

⑧ 把原料盛到
上进行加热

需要反复进行加热和冷却哦。

研磨，

④ 就变成了这样。

⑤ 将可可脂融化成液体，倒入原料中，

个容器里，放在热水

⑨ 然后再将容器放在冷水里进行冷却。

⑩ 还是微微有一点儿热。

黏黏的，

现在看上去总算有点像我们熟悉的巧克力了。

再舔一下，尝一尝，

香香甜甜，

真的是巧克力的味道了！

味道没问题啦！

接下来的工作是要把它做成巧克力成品的形状。

把黏稠的巧克力原料倒入准备好的模具，

放进冰箱进行冷却。

冷却完成后，把巧克力

● 用可可树的种子手工制作巧克力，是一件非常麻烦费力的工作。正如我们在照片上看到的那样，做出来的成品巧克力还是存在着很多细小的颗粒。因此，现在已经很少用这种纯手工的方式制作巧克力了。本书为了帮助大家清楚地看到巧克力制作过程中，材料在各个阶段的变化，选择在专业巧克力制造厂商的指导下进行了上述手工制作。

做好啦，做好啦！可可树的种子终于变成巧克力啦！

倒出来！

真的做好啦！

纯手工制作巧克力非常费时费力。所以，现在我们吃到的巧克力一般都是工厂里用机器生

①从可可树的种子中挑选，

②去除掉没用的杂质，

③进行杀菌处理（杀灭细菌）。

⑧继续细细研磨。

⑨搅拌均匀。

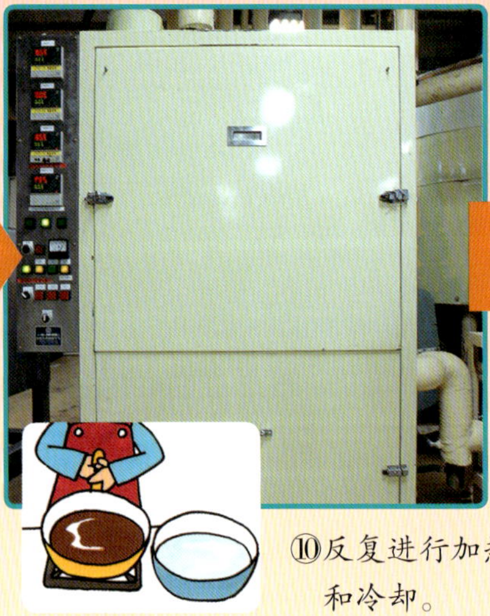

⑩反复进行加热和冷却。

来的。

分炒制
后，

⑤将外皮和果
仁分离。

⑥研磨果仁。

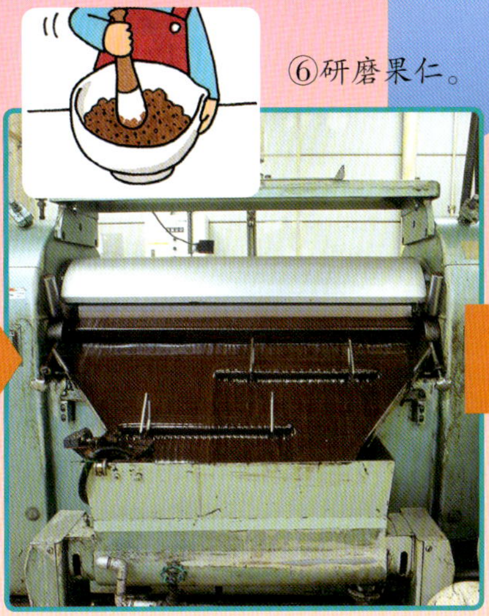

⑦向其中加入
砂糖、奶粉、
可可脂，

⑪将原料倒入
模具，

⑫放入冰箱内
冷却。

⑬巧克力做好啦！

⑭包上精美的包
装，整个制作
过程就完成啦。

我们可以在家把巧克力做成自己喜欢的形状。需要事先准备好铝制或者纸质的模具。

最后，教大家如何制作专属于自己的巧克力。

① 把板状的巧克力削成碎末，

② 变成这

⑤ 挤到喜欢的模具里。

● 用来融化巧克力的热水，温度以50~55摄氏度为最佳。巧克力一旦沾水就会失去原有的光泽，所以操作过程中要注意避免水汽落在巧克力上。

③ 隔着热水使其融化。

④ 融化后，把它装进裱花袋，

⑥ 看，这样就变成了各种不同形状的巧克力。

⑦ 最后在上面加上装饰，等待巧克力冷却完成。

大功告成！

亲手制作的，专属于自己的巧克力。

香香甜甜的巧克力！

最喜欢它啦！

这么大的巧克力哦！

图书在版编目（CIP）数据

大自然中的美食系列. 最爱巧克力 /（日）大西寿主编；浪花朵朵童书编译.
-- 北京：北京联合出版公司，2015.12（2026.1重印）
ISBN 978-7-5502-6788-6

Ⅰ. ①大… Ⅱ. ①中… ②浪… Ⅲ. ①巧克力糖－食物生产－少儿读物 Ⅳ. ①S-49

中国版本图书馆CIP数据核字（2015）第310480号

大自然中的美食：最爱巧克力

主　　编：［日］大西寿（大东可可株式会社）
料理指导：［日］中山章子
照片摄影：［日］古岛万理子
照片提供：AMANA 印象 /N.N.P / 大东可可株式会社 /
日本邮船株式会社 / 自然制造 /PPS /
明治制果株式会社
取材协助：大东可可株式会社 / 日本巧克力 · 可可协会
编　　译：浪花朵朵童书
出 品 人：赵红仕　　出版统筹：吴兴元
选题策划：北京浪花朵朵文化传播有限公司
特约编辑：张潇洲　　责任编辑：宋延涛
营销推广：ONEBOOK　　装帧制造：墨白空间

北京联合出版公司出版
（北京市西城区德外大街 83 号楼 9 层　100088）
天津联城印刷有限公司印刷　新华书店经销
字数 10 千字　787 毫米 ×1092 毫米　1/16　10 印张
2016 年 3 月第 1 版　2026 年 1 月第 18 次印刷
ISBN 978-7-5502-6788-6
定价：98.00 元（全 5 册）

浪花朵朵

大自然中的美食

大米哪里来

[日] 中川孝俊 主编 浪花朵朵童书 编译 肖潇 译

北京联合出版公司
Beijing United Publishing Co.,Ltd.

我们每天都在吃
香喷喷的米饭。
那么，
它到底是怎么做出来的呢？

本书中介绍的是水稻的种植方法。希望能够通过本书的介绍，使小朋友对大米这种代表性主食产生浓厚的兴趣。需要说明的是，每个地区水稻的种植方法和种植时间会有差异，本书中是以日本静冈县南伊豆町的情况作为范例进行讲解的。

大米是水田里种植的水稻成熟后加工而成的。
我们一起去看看大米究竟是从哪里来的吧。

生产大米的过程是从春天开始的。
5月，用大量的水灌溉田地，
用机械把田里的土和水混合起来。
稻苗将被种在这个地方。

在正式插秧之前，把土和水混合的过程叫做“耙地”。这样做是为了把肥料混合进土壤的同时，平整土地，使田里的水深一致。另外，松软的土壤能够使水稻的根部更好地伸展，也能防止稻田里的水溢出来。还有，大约在耙地开始前一周，要先“犁地”，通过翻地使田里干硬的土壤变得松软。

种在田里的稻苗会在其他地方先培育好。

这是稻种，是水稻的种子。

放大照片仔细看，它们是这个样子的。

选出优质稻种的方法是把稻种放进盐水里，沉下去的就是好稻种。

然后每天给播

用机器把选出的优质稻种播撒在土壤中。

水稻一般从 4 月份开始育苗。把稻种播撒到土壤里大概一个月之后，就可以移栽到田里，直到水稻成熟。

稻种浇水，

大约 7 天时间，稻种就会发芽。

然后过 7 天，稻种就完全长成稻苗了。

稻苗长大后，

接下来就要插秧了。

把培育好的稻苗，

放置在用于插秧的机器上。

让机器
在稻田里
移动……

稻苗就被插到
田里了。

随着机器的前行，
稻苗也被整整齐齐地插好了。

5月末，

在灌满水的稻田里，小小的稻苗排得整整齐齐的。

● 因为水稻原本就是生长在水边的植物，在有水的环境里可以更好地生长。所以，农民伯伯才会把它种植在水田里。此外，水还能起到隔离害虫和杂草、有效保护水稻的作用。

你看，这些水稻都长得生机勃勃呢。

稻田里的稻苗慢慢长大。

一开始，它只是小小的一棵……

慢慢地长高、舒展开，数量也变多了。

● 水稻在生长的过程中，不仅叶子会变长变粗，根部也在不断变大。这个过程叫做“分裂”。另外，第13页右上角那个用来去除杂草的工具，是在木棒上安装链子，用来抑制杂草的生长。本书中采用的是有机栽培，不使用除草剂，而是用工具和合鸭来去除田里的杂草。

再过一段时间，
水稻会长得更高更茂盛。

种植水稻需要的田间劳动

去除田埂上的杂草。

因为杂草过多会影响水稻的生长，
所以需要用工具及时去除杂草。

田里的小生物

藏在水田
土壤里的
小虫子

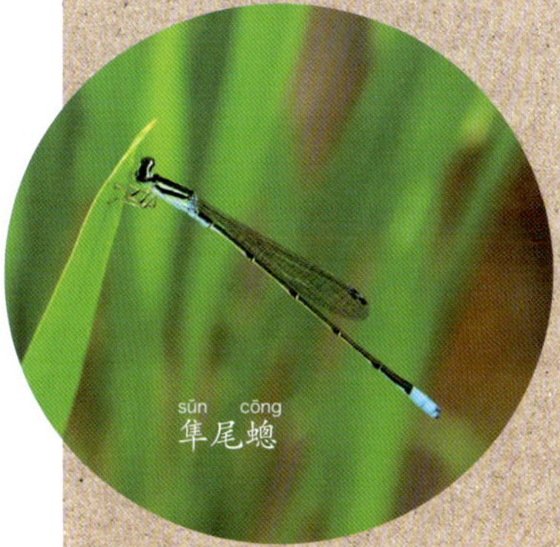

它可以吃掉吃水稻的害虫

它能够吃掉稻田
里的杂草，所以
爸爸在稻田里养
了它们。

8 月，

水稻已经长得很高啦，

田野里满眼都是生机勃勃的绿色。

10 月，

田野里金黄一片。

水稻全部都变成黄色之后，就快到收割的时候了。在收割前 20 天左右，要抽干田里的水，减少水稻里的水分含量，这样收割起来更容易。

水稻开始结出稻谷，距离大米诞生还需要一点时间。

在水稻的顶部，已经可以看见白色的东西了。这就是稻花。

开花后，水稻顶部结出的稻谷开始变得饱满起来。

这个时候在稻田里能看到的东西

稻花

稻花盛开的时间只有短短的两个小时左右。

麻雀

每到这个季节，麻雀们就会赶来偷吃稻谷。

慢慢变黄，

颜色越来越深。

稻草人

在田里立上稻草人，可以吓走麻雀，让它们不再来稻田里捣乱。

● 水稻开始长出稻穗的过程叫做“抽穗”。抽穗之后开始看见稻花的过程叫做“扬花”。水稻的开花时间很短，通过风进行授粉。

水稻末端那些饱满的小颗粒就是大米啦。

看，稻田里已经结满了大米！

终于到了收获的季节。

让我们一起去体会收获的快乐吧。

这就是已经成熟了的水稻。

我也来帮忙啦。用镰刀割下水稻。

要依次进行收割、干燥、脱壳等一系列的工作。也可以使用联合收割机，同时进行收割和脱壳这两道工序。这种情况下，干燥会被安排在稍后进行。

爸爸正在用机器进行收割。

收割好的水稻像这样晾晒一段时

进行干燥。这个过程叫做“晾晒”

这样就割好啦！

稻谷

水稻的果实（种子）被称为稻谷。

稻穗

长了很多稻谷，毛茸茸的这个部分叫做稻穗。

茎

水稻的茎干燥后可以作为秸秆使用。

晾晒结束后，把水稻放进这个机器里，然后，

稻谷就会被单独脱离出来。

距离稻谷变成大米，

还有一步之遥！

把从稻穗上脱离下来的稻谷，

放进这个机器里，

糙米

糙米也可以直接做饭吃哦。

就会被分离

稻壳

包裹糙米的稻谷外壳。

米和谷壳。

把糙米放进这个机器里，进行打磨，

● 从稻谷中除掉稻壳，获得糙米的过程叫做“脱壳”。从糙米当中去除米糠，获得白米的过程叫做“精米”。

就会被分离成晶莹洁白的大米和米糠

米糠

晶莹洁白的大米

看，这就是大米啦。
从春天到秋天，
经过漫长的生长过程，
大米终于出现在了我们的餐桌上。
用它就可以做出香喷喷、亮晶晶、
热乎乎的米饭啦。

● 与其他时间收获的大米相比，秋天收获的大米含有更多的水分，做出的米饭更松软更好吃。如果能深入了解食物与季节的关系，即便是像大米这种餐桌上的四季常客，也能提升我们饮食生活的品质呢。

请用它做出香喷喷的米饭吃吧！

好吃的大米
就这样被种
出来啦！

图书在版编目（CIP）数据

大自然中的美食系列. 大米哪里来 /（日）中川孝俊主编；浪花朵朵童书编译. -- 北京：北京联合出版公司，2015.12（2026.1重印）

ISBN 978-7-5502-6788-6

Ⅰ.①大… Ⅱ.①中… ②浪… Ⅲ.①大米－食物生产－少儿读物 Ⅳ.①S-49

中国版本图书馆CIP数据核字（2015）第310483号

大自然中的美食：大米哪里来

主　　编：［日］中川孝俊（静冈县农林技术研究所）
照片摄影：［日］岩间史朗
编　　译：浪花朵朵童书
出 品 人：赵红仕　　出版统筹：吴兴元
选题策划：北京浪花朵朵文化传播有限公司
特约编辑：张潇洲　　责任编辑：宋延涛
营销推广：ONEBOOK　　装帧制造：墨白空间

北京联合出版公司出版
（北京市西城区德外大街 83 号楼 9 层　100088）
天津联城印刷有限公司印刷　新华书店经销
字数 10 千字　787 毫米 ×1092 毫米　1/16　10 印张
2016 年 3 月第 1 版　2026 年 1 月第 18 次印刷
ISBN 978-7-5502-6788-6
定价：98.00 元（全 5 册）